Ein Wort zuvor

Greifvögel wurden jahrhundertelang verfolgt – in den Augen der Menschen waren sie Schädlinge, die es mit allen Mitteln auszurotten galt: Mit Schlageisen, in Netzen oder Körben wurden sie gefangen und totgeschlagen, mit Schrot und Kugeln geschossen, mit Strychnin-Ködern vergiftet. Das führte so weit, daß schließlich in allen Kulturstaaten der Erde der Bestand an Greifvögeln drastisch reduziert war.

Erst in jüngster Zeit wandelte sich die Einstellung zu den Greifvögeln grundlegend. Man begriff, daß diese Vögel eine wichtige Rolle in der Lebensgemeinschaft unserer Wälder und Fluren spielen. Selbst in weiten Kreisen der Jägerschaft hat sich diese Einsicht durchgesetzt: Viele Jäger hegen und schützen heute das Bussard- oder Sperberpaar in ihrem Revier ebenso wie die Fasane und Rebhühner. Die Horste von Wanderfalken und Adlern werden von freiwilligen Helfern unter der Aufsicht von Behörden und Aktionsgemeinschaften während der gesamten Brutzeit Tag und Nacht bewacht. Auf massiven Druck der Naturschutzverbände wurde eine Greifvogelart nach der anderen unter ganzjährigen Schutz gestellt. So geht es langsam wieder aufwärts und wir dürfen hoffen, daß auch unsere Enkel das einzigartige Bild eines am Himmel kreisenden Greifvogels bewundern können.

Einen dauerhaften Erfolg werden diese Bemühungen um die Erhaltung der Greifvögel und Eulen aber nur dann haben, wenn es auch gelingt, ihre Lebensräume intakt zu halten. Denn was nützt dem Steinkauz der gesetzliche Schutz, wenn alle alten Obstbäume und Weiden, in denen er Nistmöglichkeiten findet, der Axt zum Opfer fallen. Und wenn die Trockenlegung unserer letzten Hochmoore und anderer Feuchtgebiete im bisherigen Tempo weitergeht, werden auch die letzten Korn- und Wiesenweihen aus unserer Heimat verschwinden. Die Zukunft unserer Greifvögel und Eulen hängt also auch wesentlich davon ab, ob es uns gelingt, eine weitere Umweltzerstörung rechtzeitig aufzuhalten.

Im vorliegenden »Greifvogel-Kompaß« werden alle Greifvögel und Eulen, die in Europa und den im Osten und Westen angrenzenden Gebieten sowie in Nordafrika und im mittleren Osten leben, in naturgetreuen Farbfotos vorgestellt. Die Mehrzahl der von den besten Vogelfotografen Europas stammenden Farbbilder zeigen die Vögel in ihrem natürlichen Lebensraum. Viele von ihnen sind auch in faszinierenden farbigen Flugaufnahmen

abgebildet. Die Texte enthalten in knapper, übersichtlicher Form Angaben über Verbreitung, Lebensraum, die wichtigsten Erkennungsmerkmale, auffällige Verhaltensweisen, Nahrung und Fortpflanzung. Verschiedenfarbige Kennstreifen zeigen an, ob und wo im deutschsprachigen Raum die betreffende Greifvogel- oder Eulenart ausgestorben, vom Aussterben bedroht oder stark gefährdet ist (→ Erläuterungen Seite 74).
Über seine Aufgabe als Bestimmungsbuch hinaus soll der »Greifvogel-Kompaß« den Lesern Kenntnisse über die Lebensgewohnheiten der Greifvögel und Eulen vermitteln und so zum tieferen Verständnis ihrer Bestimmung im Haushalt der Natur beitragen.

Jürgen Nicolai

Adressen, die weiterhelfen

Ornithologische Gesellschaften

Wenn Sie sich intensiver mit der Vogelkunde befassen wollen, sollten Sie einer ornithologischen Gesellschaft beitreten. Sie haben dort Kontakt mit Gleichgesinnten, können an Tagungen und Exkursionen teilnehmen und erhalten die Zeitschrift der betreffenden Gesellschaft kostenlos.
Die größten Vereinigungen im deutschsprachigen Raum sind:

Deutsche Ornithologen-Gesellschaft

Anschrift: 6 Frankfurt/M.,
Natur-Museum Senckenberg
Senckenberganlage 25
Zeitschrift: Journal für Ornithologie

Österreichische Gesellschaft für Vogelkunde

Anschrift: A-1014 Wien,
Naturhistorisches Museum
Zeitschrift: Egretta

ALA (Schweizerische Gesellschaft für Vogelkunde)

Anschrift: CH-8406 Winterthur,
Kernstraße 27
Zeitschrift: Der ornithologische Beobachter

Luxemburger Landesverband für Vogelkunde und Vogelschutz

Anschrift: Henri Rinnen,
32 rue de la Forêt,
Luxembourg-Cessingen
Zeitschrift: Regulus

Deutscher Bund für Vogelschutz

Diese mitgliederstarke Vereinigung hat ihre Hauptaufgabe im Bereich des Vogelschutzes. Sie unterhält in jedem Bundesland einen Landesverband, dazu noch Kreisverbände und Ortsgruppen in allen größeren Städten. Anschrift: DBV, Achalmstraße 33, 7014 Kornwestheim.

Bund für Umwelt und Naturschutz (BUND)

Anliegen dieser Vereinigung sind Schutz und Pflege von Natur und Umwelt als Grundlage allen Lebens. Anschrift der Bundesgeschäftsstelle: Bund für Umwelt und Naturschutz Deutschland e. V. (BUND), Reuterstraße 241, 53 Bonn 1. Zeitschrift: Natur und Umwelt.

Greifvögel- und Eulen-Register

Der Autor:
Professor Dr. Jürgen Nicolai, Direktor des Instituts für Vogelforschung, Wilhelmshaven-Rüstersiel. Langjähriger Mitarbeiter von Professor Dr. Dr. Konrad Lorenz am Max-Planck-Institut für Verhaltensphysiologie Seewiesen.

Fischadler

Spannweite 147–162 cm

Der Fischadler ist im Flug durch seine schlanke Gestalt, die langen und schmalen Flügel, die stets – mit Ausnahme beim Segelflug – leicht gewinkelt getragen werden, sowie die blendend weiße Unterseite von allen anderen Greifvögeln unschwer zu unterscheiden. Bei der Nahrungssuche fliegt der Fischadler mit langsamen, möwenartig weichen Flügelschlägen, rüttelt gelegentlich kurz, wenn er einen Fisch erspäht hat, und stürzt, wenn die Gelegenheit günstig ist, mit weit vorgestreckten Fängen zur Wasseroberfläche herab. Dort taucht er in dem aufspritzenden Wasser oft völlig unter und hebt sich nach dem Auftauchen mit wenigen Flügelschlägen wieder in die Luft.

DDR | D · A · CH

Fischadler

Pandion haliaetus

Verbreitung: Außer Arktis und Antarktis sowie Südamerika in allen Erdteilen. **Lebensraum:** An Meeresküsten, großen Seen und Flüssen, stets in Wassernähe. **Kennzeichen:** Kleiner Adler mit weißem Kopf, weißer Unterseite und langen gewinkelten Schwingen. Langsamer, möwenartiger Suchflug über große Wasserflächen und Stoßtauchen nach Fischen kennzeichnen die Art. Vom viel größeren Seeadler (→ Seite 7) durch die helle Unterseite und schmaleren Flügel sowie längeren Schwanz unschwer zu unterscheiden. Ruht auf hohen trockenen Bäumen in Wassernähe. 51–58 cm. **Nahrung:** Ausschließlich Fische bis 2 kg Gewicht, die im Stoßflug aus 10 bis 40 m Höhe erbeutet werden. **Brut:** April/Mai, 1 Brut, Baum- und Bodenhorste.

DDR **D · A · CH**

Seeadler

Spannweite 200–240 cm

Der im Aufwind segelnde Seeadler wirkt von unten gesehen wie ein breites Brett, das am Himmel dahintreibt. Dieser Eindruck entsteht dadurch, daß Vorder- und Hinterrand der Flügel nahezu parallel verlaufen, so daß die Schwingen fast in ihrer ganzen Länge gleich breit erscheinen. Wie bei allen großen Adlern ist der Handfittich beim Segelflug stark aufgefingert. Hals und Kopf werden im Fluge weit vorgestreckt und ragen etwa ebenso weit nach vorne wie der kurze, keilförmige Schwanz nach hinten. Der Schwanz ist bei Altvögeln rein weiß, bei Jungvögeln in den ersten Lebensjahren dunkel und etwas länger als beim Altadler.

D · DDR | A · (CH)

Seeadler

Haliaeetus albicilla

Verbreitung: Von Nord-, Ost- und Südeuropa ostwärts bis Kamtschatka und Japan; Nordamerika. **Lebensraum:** Meeresküsten, große Seen und Flüsse. **Kennzeichen:** Sehr großer, gedrungen gebauter Adler mit breiten Schwingen, sehr kurzem keilförmigem Schwanz und gewaltigem gelbem Schnabel. Weibchen größer als Männchen. Ruft rauh und bellend *»krau«*, ferner silbermövenartige Rufreihen. 69–91 cm. **Nahrung:** Vorwiegend Fische bis zu 8 kg Gewicht und Wasservögel (Bläßhühner, Enten, Gänse, Schwäne, Taucher, Möwen, Reiher, Störche, Kraniche), daneben auch Säuger bis zur Größe von Hasen, Füchsen, kleinen Hunden; nimmt gerne Aas an. **Brut:** Februar/März, 1 Brut, Baum- und Bodenhorste.

D · DDR | **A · (CH)**

Rotmilan

Spannweite 145–155 cm

Der lange, tief gegabelte, rostrote Schwanz ist das beste Bestimmungsmerkmal des fliegenden Rotmilans. Der tiefe Einschnitt ist in allen Fluglagen, also auch bei weit gespreiztem oder eng zusammengelegtem Schwanz deutlich sichtbar. Flügel lang und relativ schmal, je nach Fluglage mehr oder weniger stark gewinkelt und mit auffälligen hellen Flecken im sonst schwarzen Handfittichbereich. Fliegt schwerelos mit elastischen, seeschwalbenartig leichten, tiefausholenden Flügelschlägen, zwischen denen der Körper auf- und abschwingt. Beim Segelflug werden die Flügel etwas nach vorne gezogen und manövrieren oft unabhängig voneinander in den Luftströmungen. Der Schwanz wird beim Steuern häufig seitlich verdreht.

Rotmilan

Milvus milvus

Verbreitung: Von den Kanarischen Inseln und Marokko ostwärts bis Weißrußland, Ukraine und Armenien. **Lebensraum:** Laubwälder mit altem Baumbestand, die mit offenem Gelände und großen Gewässern abwechseln. **Kennzeichen:** Größer und schlanker als Mäusebussard (→ Seite 21), mit längeren Flügeln und langem, tiefgegabeltem rostroten Schwanz. Rotbraune Oberseite, Unterseite heller rostrot mit dunkler Strichelung, Kopf hellgrau, dunkel gestrichelt. 61 cm. **Nahrung:** Mäuse, Hamster und andere Kleinnager, seltener Vögel bis Hühnergröße, Reptilien und häufig Fische, die er tot an Fluß- und Seeufern aufliest; schmarotzt häufig bei anderen Greifvögeln. **Brut:** April/Mai, 1 Brut, Baumhorst.

Schwarzmilan

Spannweite 112–117 cm

Das Flugbild des Schwarzmilans gleicht oberflächlich dem des Rotmilans, ist jedoch an folgenden Merkmalen leicht von jenem zu unterscheiden: Der Schwarzmilan ist kleiner und immer viel dunkler einheitlich braunschwarz. In der Luft wirkt der Vogel schwärzlich. Das beste Unterscheidungsmerkmal ist der bei dieser Art nur schwach gegabelte Schwanz, dessen Einschnitt bei starker Spreizung des Steuers, zum Beispiel beim Segelflug, kaum wahrnehmbar ist, so daß der Schwanz eckig wirkt. Körper und Schwingen gedrungener als beim Rotmilan, Schwanz kürzer. Beim Gleit- und Segelflug sind die Flügel stets gewinkelt, der Handteil unter der Horizontalen gehalten. Kopf meist leicht nach unten mit Blickrichtung zum Boden gerichtet.

Schwarzmilan

Milvus migrans

Verbreitung: Europa, Asien, Afrika, Ostindonesien, Neuguinea, Australien. **Lebensraum:** In Europa vorwiegend wald- und seenreiche Landschaften, Flüsse in Waldnähe. **Kennzeichen:** Kleiner und gedrungener gebaut als Rotmilan (← Seite 9), viel dunkler (schwarzbraun), Schwanz nur schwach gegabelt. Stärker an Wasser gebunden als Rotmilan, über Flüssen und Seen nach toten Fischen Ausschau haltend. 56 cm. **Nahrung:** Kranke und tote Fische, die er von der Wasserfläche aufnimmt, kleine und mittelgroße Vögel, die er meist anderen Greifvögeln abjagt, Kleinsäuger, Frösche, Kadaver aller Art, Aas. **Brut:** April/Mai, 1 Brut, Baumhorst.

Gleitaar

Der Gleitaar ist am Himmel durch seine ungewöhnlichen Flugmanöver mit keinem anderen Greifvogel zu verwechseln. Er hat sehr lange Flügel mit sehr breitem Arm- und spitz zulaufendem Handfittich sowie einen kurzen, schwach gegabelten Schwanz. Der Flug ist eulen- oder rackenartig mit schnellen weichen Flügelschlägen. Der dicke, eulenartige Kopf wird weit vorgestreckt. Gleitet mit gewinkelten und weihenartig angehobenen Flügeln. Rüttelt mit flachen, raschen Flügelschlägen häufig mehrere Minuten lang an derselben Stelle – viel ausdauernder als Turmfalke. Bei stärkerem Wind steht der Gleitaar oft minutenlang ohne Flügelschlag drachenartig in der Luft.

Gleitaar

Elanus caeruleus

Verbreitung: Afrika, Südwestasien, Indien, Ceylon, Indochina, Ostneuguinea, in Europa nur in Südportugal seltener Brutvogel. **Lebensraum:** Savannen, Steppen, Halbwüstengebiete, Kulturland. **Kennzeichen:** Blaugraue Oberseite, weiße Unterseite, schwarze Schultern, kurzschwänzig und langflügelig, dickköpfig, häufig wie Turmfalke (→ Seite 57), jedoch ausdauernder, mit langsameren Flügelschlägen rüttelnd, sitzt gerne auf Telegrafendrähten, Überlandleitungen, trockenen Baumspitzen. Auge leuchtend rot. 33 cm. **Nahrung:** Vorwiegend kleine Nager, weniger Kleinvögel, Reptilien und Insekten (Heuschrekken). **Brut:** Brutbeginn nach Vorkommen sehr verschieden, 1 Brut, Baumhorst.

Schlangenadler

Der Schlangenadler hat lange und gleichzeitig breite Flügel, die durch die Breite des Handfittichs eckig wirken. Dadurch hat die Silhouette seines Flugbildes, besonders beim Gleitflug, wenn der Handfittich eng geschlossen ist, eine gewisse Ähnlichkeit mit der des Kiebitz. Er fliegt mit weitausholenden, kräftigen Flügelschlägen, gleitet mit gewinkelten und segelt mit starr gestreckten, horizontal gehaltenen Schwingen. Der eulenartig dicke Kopf, die weißliche Körper- und Flügelunterseite sowie die schwarzen Flügelspitzen sind weitere Erkennungsmerkmale. Rüttelt häufig und anhaltend mit weit gespreiztem Schwanz.

Schlangenadler

Circaetus gallicus

Verbreitung: Von Afrika und dem südlichen und östlichen Europa bis Indien. **Lebensraum:** Offenes trockenes Gelände mit Bäumen, lockerer Waldbestand, nur in reptilienreichen Gebieten. **Kennzeichen:** Kleiner Adler mit dickem, weihenähnlichem Kopf, im Fluge entfernt bussardartig, doch durch längeren Schwanz, stärker gewinkelte Schwingen, viel häufigeres Rütteln zu unterscheiden. Unterseite hell, Kopf und Brustlatz sowie Spitzen der Hand- und Armschwingen dunkel. 63–69 cm. **Nahrung:** Vorwiegend Schlangen, auch Eidechsen und Blindschleichen sowie andere Reptilien, selten Kleinsäuger und Vögel. **Brut:** April/Mai, 1 Brut, Baumhorst.

Sperber

Accipiter nisus

Verbreitung: Norden von Europa, Asien, Afrika – von Westeuropa bis Japan. **Lebensraum:** Nadelwald, der mit offenem Gelände abwechselt, nur selten in reinem Laubwald. **Kennzeichen:** Wie kleiner Habicht (→ Seite 18), langschwänzig und rundflügelig. Fliegt abwechselnd hastig schlagend und dann gleitend gewandt um Büsche und zwischen Bäumen, selten und fast nur zum segelnden Balzflug über Baumhöhe aufsteigend. Weibchen viel größer als Männchen. 28–38 cm. **Nahrung:** Fast ausschließlich Vögel von Goldhähnchen- bis Ringeltauben- oder Rebhuhngröße, im Winter vorwiegend Sperlinge, Ammern und Amseln, selten Mäuse und ausnahmsweise Fledermäuse. **Brut:** Mai/Juni, 1 Brut, Baumhorst.

Kurzfangsperber

Accipiter brevipes

Verbreitung: Von Südosteuropa (Ostungarn) bis Südiran. **Lebensraum:** Ausgesprochener Laubwaldbewohner, liebt besonders Eichen, Edelkastanien und Schwarzerlengehölze. **Kennzeichen:** Sehr ähnlich dem Sperber (→ Seite 16), aber kurzschwänziger, Flügel schmaler und spitzer, beim Männchen Wangen grau, nicht rostrot wie beim Sperber, Oberseite heller grau, Unterseite weiß mit blaßrötlicher Sperberung, Weibchen beider Arten im Feld kaum zu unterscheiden, Auge rotbraun, nicht gelb. 33–38 cm. **Nahrung:** Weniger Vögel, mehr Kleinnager als Sperber, ferner Reptilien, Käfer, Heuschrecken. **Brut:** Mai/Juni, 1 Brut, Baumhorst.

Habicht

Accipiter gentilis

Verbreitung: In Europa, Asien, Afrika – von der nördlichen Baumgrenze bis Marokko, in Nordamerika bis Nordmexiko. **Lebensraum:** Bevorzugt Nadelwälder, seltener Misch- und Laubwälder. **Kennzeichen:** Bussardgroßer, rundflügeliger und langschwänziger Greifvogel, vom Mäusebussard (→ Seite 20) in der Luft durch längeren, viel seltener gefächerten Schwanz und schnellere Flügelschläge zu unterscheiden. Segelt viel seltener im Aufwind. Weibchen größer als Männchen. 48–61 cm. **Nahrung:** Vögel und Säugetiere bis zur Größe eines Auerhahns oder Hasen. Überrascht die Beute durch plötzliches Vorstoßen aus dichter Deckung, verfolgt fliegende Vögel aber auch über weite Strecken. **Brut:** April/Mai, 1 Brut, Baumhorst.

Wespenbussard

Pernis apivorus

Verbreitung: Von Westeuropa bis zum Ussuriland und Japan. **Lebensraum:** Lockere Wälder, vor allem Laubwälder, die an Wiesen grenzen, und anderes halboffenes Gelände. **Kennzeichen:** Schlanker, bussardgroßer Greifvogel mit sehr variabler Gefiederfärbung. Vom Mäusebussard (→ Seite 20) im Fluge durch längere, schmalere Flügel, längeren Schwanz mit doppelter dunkler Binde, schlankeren Körper und taubenartig vorgestreckten Kopf zu unterscheiden. 51–58 cm. **Nahrung:** Fast ausschließlich Wespenlarven und weniger häufig die Larven von Hummeln, selten Frösche und Eidechsen, Kleinnager und Jungvögel, weiches Obst. **Brut:** Mai/Juni, 1 Brut, Baumhorst.

Mäusebussard

Spannweite 117–137 cm

Der Mäusebussard ist der häufigste Greifvogel am Himmel unserer Heimat. Sein Flugbild ist daher jedem Naturverbundenen vertraut, wenn auch nicht in allen typischen Merkmalen bekannt. Er wirkt im Fluge stets sehr kompakt, die Flügel sind breit, der Schwanz verhältnismäßig kurz, breit und gerundet, häufig mehr oder weniger stark gespreizt. Fliegt langsam mit schweren, etwas steif wirkenden Flügelschlägen, gleitet auf horizontal gehaltenen Schwingen. Beim Segelflug im Aufwind werden die Flügel über die Horizontale gehoben, die Handschwingenspitzen sind zusätzlich aufwärts gebogen. Der kompakte Eindruck des Flugbildes wird noch durch den eingezogenen breiten Kopf unterstützt.

Mäusebussard

Buteo buteo

Verbreitung: Von den Kapverdischen Inseln, Azoren und Kanarischen Inseln durch ganz Europa und Asien bis Japan, Himalaya, Westchina. **Lebensraum:** Laub-, Misch- und Nadelwälder, im offenen Gelände jagend. **Kennzeichen:** Häufigster Greifvogel in Mitteleuropa, Färbung sehr variabel von dunkelbraun bis braunweiß, Schwanz meist eng gebändert. Ein breitflügeliger, schwerfällig wirkender Greifvogel, häufig auf Weidepfählen, Telegrafenmasten sitzend und nach Beute spähend. Ruft katzenartig *»hiäh-«*. 51–56 cm. **Nahrung:** Vorwiegend Kleinnager, besonders Feldmäuse, auch Ratten, Hamster, Maulwürfe, Junghasen, Vögel, Reptilien, Frösche, Insekten. **Brut:** April/Mai, 1 Brut, Baumhorst.

Rauhfußbussard

Spannweite 130–152 cm

Der Rauhfußbussard ist im Fluge vom nahe verwandten, ähnlichen Mäusebussard (→ Seite 20) an seinem ungebänderten, hellen, an der Wurzel weißen Schwanz mit abgesetzter dunkler Endbinde sowie an der hellen Flügelunterseite mit scharf umgrenztem dunklem Fleck in der Nähe des Bugs zu unterscheiden. Der Schwanz des Mäusebussards trägt dagegen stets eine enge, wenn auch oft etwas verwaschene Bänderung. Flügel beim Rauhfußbussard länger und meist gewinkelter getragen als beim Mäusebussard. Rüttelt viel häufiger.

Rauhfußbussard

bei uns nur Wintergast

Buteo lagopus

Verbreitung: Von Skandinavien über Nordrußland und Sibirien bis Kamtschatka; nördliches Nordamerika. **Lebensraum:** Die Tundra nördlich der Waldgrenze; im Winter in Mitteleuropa auf Feldern und Wiesen. **Kennzeichen:** Wenig größer als Mäusebussard (→ Seite 21), in der Färbung ähnlich variabel, doch Oberkopf und Nacken sowie Kopfseiten stets weißlich, beim Mäusebussard stets dunkel. Bei der Ansitzjagd im Feld sitzt der Rauhfußbussard stets auf Erdhaufen (Tundrenbewohner), der Mäusebussard auf Pfählen. Rüttelt häufig. 51–61 cm. **Nahrung:** Im Brutgebiet vorwiegend Lemminge, im Winterquartier wie Mäusebussard. **Brut:** Mai/Juni, 1 Brut, Fels-, Baum- und Bodenhorste.

Adlerbussard

Spannweite 132–160 cm

Der Adlerbussard ist im Fluge vom Mäusebussard (→ Seite 20) durch seine roströtliche Färbung und den stets ungebänderten, hell zimtfarbenen Schwanz leicht zu unterscheiden. Verwechslungen können mit der östlichen Rasse des Mäusebussards (Falkenbussard), die ebenfalls rostbraun ist, vorkommen. Der Adlerbussard hat jedoch einen heller als der Körper gefärbten Kopf (beim Falkenbussard Kopffarbe nicht verschieden von Körperfarbe). Von rötlichen Rauhfußbussarden durch den ungebänderten Schwanz unterschieden. Die längeren Flügel und das adlerartige Flugbild können als zusätzliche Unterscheidungsmerkmale zu Mäuse- und Rauhfußbussard (→ Seite 22) dienen.

Adlerbussard

Buteo rufinus

Verbreitung: Von Südosteuropa und Nordafrika ostwärts bis Transbaikalien. **Lebensraum:** Trockensteppen und Halbwüsten, meidet Wald. **Kennzeichen:** Größer als Mäusebussard (→ Seite 21), Flugbild adlerähnlicher, Flügel breiter und länger, in Südosteuropa meist hell rostbraun mit zimtfarbigem, ungebändertem Schwanz (bei Jungvögeln gebändert). Ruf bussardähnlich, weniger stimmfreudig. 51–66 cm. **Nahrung:** Mäuse, Zwerghamster, Ziesel und andere Kleinnager, Maulwürfe, Igel, Wiesel, selten Reptilien und Vögel, im Hochsommer häufig Heuschrecken. **Brut:** März/April, 1 Brut, Baum-, Fels- und Bodenhorste.

Zwergadler

Spannweite 109–117 cm

Der Zwergadler (Foto: helle Phase) ist im Flugbild von dem etwa gleich großen Mäusebussard (→ Seite 20) vor allem an den wesentlich schmäleren Flügeln, dem längeren, schmäleren, viel weniger stark gefächert getragenen, eckigen Schwanz sowie an der fast genau horizontal ausgerichteten Flügelstellung beim Gleitflug gut zu unterscheiden. Er ist ein viel gewandterer Flieger als die Bussarde, verbringt die heißen Tagesstunden segelnd in hoher Luft und vollführt, vor allem in den späten Nachmittagsstunden, akrobatische Flugspiele. Dabei steigen die Adler in große Höhen (500–800 m) auf, lassen sich mit angelegten Flügeln in die Tiefe fallen, fangen sich ab und steigen unter Ausnützung der Fallenergie wieder steil in die Höhe.

Zwergadler

Hieraaetus pennatus

Verbreitung: Von Nordwestafrika und Südwesteuropa bis Transbaikalien, die Mongolei und Westpakistan. **Lebensraum:** Mit lockerem Hochwald, vor allem Eichenwäldern bewachsenes Bergland, seltener in der Ebene. **Kennzeichen:** Bussardgroßer Adler, der in zwei Färbungstypen (Phasen) auftritt: hell rahmfarben mit weißer oder ockerfarbener Unterseite (Foto) oder einfarbig dunkelbraun (seltener). Lebhafter, ruffreudiger kleiner Adler, der limikolenartige, anschwellende Tonreihen in wechselnder Klangfarbe hören läßt. 46–53 cm. **Nahrung:** Reptilien, Vögel und Kleinsäuger (Ziesel, Hamster, Ratten), seltener Käfer und Heuschrecken. **Brut:** April/Mai, 1 Brut, Baum- und Felsbrüter.

Habichtsadler

Hieraaetus fasciatus

Verbreitung: Von Spanien und Nordwestafrika bis Süd- und Südostasien. **Lebensraum:** Trockene, gebirgige Gebiete mit lockerem Baumbestand. **Kennzeichen:** Kleiner Adler, vom etwa gleich großen Schlangenadler (→ Seite 14) im Flug durch längeren, eckigen Schwanz und breites Diagonalband über der Flügelunterseite zu unterscheiden. Scheu und vorsichtig, fliegt schnell mit kräftigen Flügelschlägen, Beutestoß in rasanter Geschwindigkeit, oft aus großer Höhe. 66–74 cm. **Nahrung:** Vögel bis zur Größe von Tauben, Enten, Reihern; Nager bis Hasengröße, Reptilien. **Brut:** Februar/März, 1 Brut, Baum- und Felshorste.

Kaiseradler

in Spanien bedroht

Aquila heliaca

Verbreitung: Südspanien, Nordwestmarokko sowie vom östlichen Mitteleuropa bis Transbaikalien. **Lebensraum:** Offenes Gelände der Ebenen mit kleinen Wäldern oder lockerem Baumbestand, baumarme Steppen. **Kennzeichen:** Etwas kleiner als Steinadler (→ Seite 31), gedrungener gebaut, kurzschwänzig, dunkel schwarzbraun mit oft kaum sichtbaren, bei der spanischen Rasse auffällig großen weißen Schulterflecken; Flugbild durch die brettartigen, breiten Schwingen etwas an Seeadler erinnernd. Ruft rauh und bellend *»krock-krock-krock«* (kolkrabenartig). 78–83 cm. **Nahrung:** Vorwiegend Ziesel sowie Hamster, Junghasen, Kleinnager, wenige Vögel, nicht selten Aas. **Brut:** März/April, 1 Brut, Baumhorst.

Steinadler

Spannweite 190–230 cm

Das Flugbild des Steinadlers ist gekennzeichnet durch lange, aber nicht besonders breite, zum Körper hin schmaler werdende Flügel, stark gefingerte Handfittiche, deren Spitzen leicht aufwärts gebogen sind, und mittellangen, leicht gerundeten, an der Wurzel hellen Schwanz. Bei den Jungvögeln ist die Schwanzwurzel weiß, ebenso die Wurzeln der Handschwingen, wodurch ein sich durch den Flügel ziehendes weißes Band entsteht. Kopf wie bei allen Adlern weit vorgestreckt. Ruderflug fast nur beim Start und zur Beschleunigung bei der Jagd, sonst vorwiegend Gleit- und Segelflieger, der oft stundenlang in großer Höhe in aufsteigenden Warmluftmassen kreist.

Steinadler

Aquila chrysaetos

Verbreitung: Europa und Asien, Nordamerika bis Mexiko, Nordafrika bis zur Sahara. **Lebensraum:** In Mitteleuropa nur noch im Gebirge Brutvogel, in Nord- und Osteuropa sowie Nordamerika auch in der Ebene. **Kennzeichen:** Dunkelbraun, ältere Vögel mit hellgraugelblichem Oberkopf. 75–88 cm. **Nahrung:** Große Nager (Murmeltiere, Hasen) und Hühnervögel (Schneehühner) sind die Hauptnahrung, daneben Jungfüchse, Katzen, Ratten, Eichhörnchen, Maulwürfe, selten Jungtiere von Gemsen, Schaflämmer und Rotwildkälber, Aas. **Brut:** März/April, 1 Brut, Fels-, Baum- und Bodenhorste.

Schelladler

Aquila clanga

Verbreitung: Von Osteuropa (Polen) bis zum südlichen Ussuriland und die Mandschurei. **Lebensraum:** Ausgedehnte Wälder, die von Seen, Mooren und Wiesen durchsetzt sind. **Kennzeichen:** Größer als Schreiadler (→ Seite 33), einfarbig dunkelbraun, im Flug von unten schwarz erscheinend, nur Basisbereich der Handschwingen hell, Jungvögel braunschwarz mit auffälligen hellbräunlichen Flecken (Bild), weißliches V an der Schwanzwurzel. Ruft bellend »*kli-kli-kli-kli-*«. 66–73 cm. **Nahrung:** Wie Schreiadler, doch mehr und auch größere Vögel (zum Beispiel Bläßhühner, Enten, Birkhühner, Krähen). Hauptnahrung wie beim Schreiadler Kleinsäuger (Mäuse, Ratten, Hamster, Ziesel, Maulwürfe). **Brut:** Mai/Juni, 1 Brut, Baumhorst.

Schreiadler

Aquila pomarina

Verbreitung: Nur in Osteuropa und Indien. **Lebensraum:** Vorwiegend mit Brüchen durchsetzte Wälder, die an feuchte Wiesen grenzen. **Kennzeichen:** Nur wenig größer als Mäusebussard (→ Seite 21), heller braun als der sehr ähnliche, aber größere Schelladler (→ Seite 32), Jungvögel einfarbig schokoladenbraun mit zwei Reihen heller Flecken auf den Flügeln. Flugbild typisch durch brettartige, vom Körper bis zu den Spitzen gleich breite Flügel, Flügelspitzen aufgefingert. Sehr stimmfreudig: Rufreihen wie *»jüb-jüb-jüb-jübjübjibjibjib-«*. 61–66 cm. **Nahrung:** Mäuse, Ratten, Maulwürfe, Frösche, Vögel, Eidechsen, Blindschleichen, Schlangen, Käfer, Heuschrecken. **Brut:** April/Mai, 1 Jahresbrut, Baumhorst.

Raubadler

Spannweite 158–173 cm

Der Raubadler hat lange und breite Flügel und einen verhältnismäßig langen, gerundeten Schwanz. Er steht in der Größe zwischen Stein- und Schelladler, ist aber viel weniger flugfreudig und seltener beim Segelflug zu beobachten als diese beiden Arten. Im Flugbild erinnert der Raubadler am meisten an den Kaiseradler (→ Seite 29), doch sind die Flügel weniger brettartig, sondern im Übergangsbereich zwischen Hand- und Armfittich auffällig eingebuchtet. Fliegt bei der Nahrungssuche meist mit schweren, plumpen Flügelschlägen niedrig über dem Boden.

Raubadler

Aquila rapax

Verbreitung: Afrika sowie von Südostiran bis Indien und vom Schwarzen Meer bis zur Mandschurei. **Lebensraum:** Offene Ebenen, Steppen und Savannen. **Kennzeichen:** Kleiner als Steinadler (→ Seite 31), aber größer als Schelladler (→ Seite 32). Ein plumper, wenig aktiver, in der Färbung sehr variabler Adler. Sitzt häufig auf dem Boden oder auf mittelhohen Bäumen, von denen er nach Beute Ausschau hält. 66–78 cm. **Nahrung:** Kleine bis mittelgroße Säugetiere, Hühnervögel (Frankoline und Perlhühner), schmarotzt sehr häufig bei anderen großen Adlern und Störchen und findet sich regelmäßig an Schlachthäusern und am Aas ein. **Brut:** Brutbeginn uneinheitlich, 1 Brut, Baumhorst.

Bartgeier

Spannweite 245–275 cm

Sein ungewöhnliches Flugbild unterscheidet den Bartgeier von allen anderen großen Geiern und Adlern. Er hat sehr lange, im Handfittich spitz zulaufende Flügel, die stets mehr oder weniger gewinkelt getragen werden, und einen langen keilförmigen Schwanz. Dadurch wirkt er im Fluge wie ein riesiger Falke. Die rostrote Unterseite kontrastiert auffällig gegen die schieferschwarze Oberseite, der kleine Kopf mit dem schwarzen Schnabelbart ist im Fluge weit vorgestreckt. Segelt viel und ausdauernd auf gewinkelten Flügeln. Weniger thermikabhängig als die anderen großen Geier und daher oft schon frühmorgens unterwegs. Beim Suchflug hört man ein surrendes Pfeifen, das die großen Schwingen erzeugen, und das sich bei schrägem Herabgleiten zu einem weithin hörbaren Brausen steigern kann.

A · CH (D · DDR) **36**

Bartgeier

weltweit gefährdet

Gypaetus barbatus

Verbreitung: Hochgebirge in Südeuropa, Abessinien, Ost- und Südafrika, naher und mittlerer Osten bis zur Mongolei, China und Himalaya. **Lebensraum:** Hochgebirge an und über der Baumgrenze. **Kennzeichen:** Sehr großer langgestreckter Geier, dunkle Oberseite, helle Unterseite, rostroter Kopf und Brust, schwarzer Schnabelbart. Nicht gesellig, Einzelgänger. 102–114 cm. **Nahrung:** Vorwiegend Knochen und Schildkröten, die er aus großer Höhe auf felsigen Untergrund fallen und zerschellen läßt, Fleisch von frisch-toten Tieren, weniger Aas. Fliegt nicht selten in Bergnot befindliche Schafe und Lämmer an und bringt sie mit Flügelschlägen zum Absturz. **Brut:** Dezember/Januar, 1 Brut, Felshorst.

A · CH (D · DDR)

Schmutzgeier

Neophron percnopterus

Verbreitung: Kanarische Inseln, Südeuropa, Afrika, bis Nepal und Südindien. **Lebensraum:** Offenes Gelände in der Ebene und im Gebirge, gerne bei menschlichen Ansiedlungen. **Kennzeichen:** Kleinster in Europa auftretender Geier, schmutzigweiß mit schwarzen Hand- und Armschwingen, Jungvögel dunkelbraun; gelbes, nacktes Gesicht; dünner, langer Schnabel. Im Flug durch breite, brettartige Flügel und Keilschwanz entfernt dem Bartgeier ähnlich, fischadlergroß. 56–66 cm. **Nahrung:** Aas und Abfälle tierischer Herkunft, Kotfresser, öffnet Straußeneier durch Steinwürfe. **Brut:** März/April, 1 Brut, Felshorst.

Mönchsgeier

Aegypius monachus

Verbreitung: Spanien, Mallorca, Sardinien, Sizilien, Balkanhalbinsel bis Zentralasien, Indien und China. **Lebensraum:** Bewaldete, abgelegene Gebirge. **Kennzeichen:** Größter Altwelt-Geier, dunkel- bis schwarzbraun, heller Kopf, Halskrause. Das Flugbild ähnelt dem des Gänsegeiers (→ Seite 40) durch die breiten und langen Flügel, jedoch Schwanz länger und keilförmig. Spannweite bis 250 cm. Weniger gesellig als der Gänsegeier, doch mit diesem häufig zusammen am Aas. 99–107 cm. **Nahrung:** Wie Gänsegeier, doch fängt der Mönchsgeier bei Nahrungsmangel gelegentlich auch Kleintiere wie Murmeltiere, Schildkröten, Eidechsen, neugeborene Lämmer. **Brut:** Februar/März, 1 Brut, Baumhorst.

Gänsegeier

Wie alle großen Geier verbringt der Gänsegeier als thermikabhängiger Segelflieger den größten Teil der heißen Tagesstunden hoch in der Luft. Sein Flugbild ist durch die sehr langen und breiten Tragflächen mit meist stark gespreiztem Handfittich und den sehr kurzen eckigen Schwanz unverkennbar. Der segelnde Vogel liegt von unten gesehen wie ein kurzes breites Brett in der Luft. Eine Verengung in der sonst gleichmäßig breiten Flügelfläche zeigt sich nur dort, wo der Armfittich in den Handfittich übergeht. Beim Segelflug werden die Flügel etwas über die Horizontale gehoben, die Tragflächen durchgebogen.

Gänsegeier

Gyps fulvus

Verbreitung: Südwest- und Südeuropa, Nordostafrika, ostwärts bis zur Mongolei, Westpakistan und Nordindien. **Lebensraum:** Von den Ebenen bis ins Hochgebirge. **Kennzeichen:** Größer als Seeadler (→ Seite 7), sehr hell sandbraun, mit langem weißem Hals, der im Fluge eingezogen wird, weiße Halskrause, Flügel und Schwanz dunkel. Sehr gesellig, am Aas stets in kleineren oder größeren Gesellschaften, streitet mit zischenden und kekkernden Lauten um die besten Plätze. 97–104 cm. **Nahrung:** Frische und schon stark verweste Kadaver großer Säugetiere, besonders gern die Eingeweide. **Brut:** Januar/Februar, 1 Brut, Felshorst.

Rohrweihe

Circus aeroginosus

Verbreitung: Von Südwesteuropa und Nordwestafrika bis Sachalin und Japan, ferner Australien und Ozeanien. **Lebensraum:** Mit Schilf bestandene Uferzonen der Seen, Teiche und Flüsse. **Kennzeichen:** Bussardgroß, jedoch vom Mäusebussard (→ Seite 21) durch schlankere Gestalt, schmalere Flügel, längeren Schwanz und gaukelnden Flug unterschieden. Männchen braun mit helleren Flügeln und Schwanz, Weibchen und Jungvögel auffällig heller Kopf. Fliegt schwankend und häufig mit über die Horizontale gehaltenen Flügeln gleitend niedrig über den Schilfwald. 48–56 cm. **Nahrung:** Frösche, Reptilien, Fische, Vögel bis Bläßhuhngröße, Mäuse, Ratten, Junghasen. **Brut:** April/Mai, 1 Brut, Bodenhorst.

Steppenweihe

Circus macrourus

Verbreitung: Von Südostrumänien und Nordostbulgarien bis zum Altaivorland. **Lebensraum:** Offenes, steppenartiges Gelände. **Kennzeichen:** Größer als Wiesenweihe (→ Seite 45) und etwas kleiner als Kornweihe (→ Seite 47). Männchen heller grau als beide anderen Arten, Bürzel grau, vom Wiesenweihenmännchen am Fehlen der schwarzen Flügelbinde und rötlichen Fleckung der Unterseite unterschieden, Weibchen unterscheidet sich vom Kornweihenweibchen durch schlankere, spitzere Flügel und kleineren weißen Bürzelfleck, vom Wiesenweihenweibchen durch dunkle Halskrause. 43–48 cm. **Nahrung:** Kleinsäuger und Vögel, selten Reptilien, Insekten. **Brut:** Mai/Juni, 1 Brut, Bodenhorst.

Wiesenweihe

Die Wiesenweihe ist kleiner und schlanker als die Kornweihe, ihre Flügel sind, bei etwa gleicher Länge, deutlich schmaler und spitzer geschnitten. Sie wirkt dadurch langflügeliger als die Kornweihe. Die spitz zulaufende Form des Handfittichs ist bedingt durch die Länge der 7. und besonders die der 8. Handschwinge, die ihre Nachbarn weit überragen. Dadurch erscheint die Flügelspitze strahlig ausgezogen, nicht gerundet wie bei der Kornweihe. Die Männchen beider Arten unterscheiden sich zusätzlich durch abweichende Färbung, die Weibchen im wesentlichen durch ihren unterschiedlichen Flügelschnitt. Beide Geschlechter gleiten und segeln mit V-förmig über die Horizontale gehaltenen Flügeln.

Wiesenweihe

Circus pygargus

Verbreitung: Von Südwesteuropa und Nordwestafrika ostwärts bis zum Altai. **Lebensraum:** Wie Kornweihe, jedoch feuchteres Gelände mit nassen Wiesen, Sümpfen und Schilf. **Kennzeichen:** Kleinste der in Europa lebenden Weihen, schlanker und schmalflügeliger als Steppen- und Kornweihe (→ Seiten 43 und 47), Männchen bläulich aschgrau mit schwarzer Flügelbinde und rötlicher Streifenzeichnung auf der weißen Unterseite, Weibchen ähnlich Kornweihenweibchen, doch kleinerer weißer Bürzelfleck und schmalere, spitzere Flügel, Schwanz länger und schmaler. 41–46 cm. **Nahrung:** Vorwiegend Mäuse und Jungvögel, auch Eidechsen und Insekten. **Brut:** Mai/Juni, 1 Brut, Bodenhorst.

Kornweihe

Die Kornweihe ist im Flügelschnitt kürzer und schmaler als die Rohrweihe, doch breiter als Steppen- und Wiesenweihe. Sie erscheint daher im Verhältnis zur Körpergröße kurzflügeliger als die anderen Weihen. Das Männchen unterscheidet sich vom kleineren und schlankeren Wiesenweihenmännchen durch helleres Grau, den weißen Bürzel, das Fehlen einer schwarzen Flügelbinde und seine reinweiße Unterseite. Das größere Weibchen (im Foto rechts) ist schwer vom Wiesenweihenweibchen zu unterscheiden, doch ist sein eulenartiger Kopf dicker, das Weiß des Bürzels meist ausgedehnter, die Flügel breiter und an den Spitzen stärker gerundet. Die Kornweihe segelt und gleitet wie die anderen Weihen mit über die Horizontale gehaltenen Flügeln.

Kornweihe

Circus cyaneus

Verbreitung: Mittleres und nördliches Europa und Asien, Nordamerika. **Lebensraum:** Offenes Gelände mit Wiesen, Feldern, Mooren und Brüchen. **Kennzeichen:** Kleiner und schlanker als Rohrweihe (→ Seite 42). Männchen hellgrau mit weißem Bauch, Weibchen braun mit gebändertem Schwanz und weißem Bürzel. Fliegt auf der Nahrungssuche mit dem typischen schwerelosen Weihenflug niedrig über Wiesen, Brachland, Moore und schmale Schilfstreifen und schlägt beim Beutestoß blitzschnelle Wendungen und Haken. 43–51 cm. **Nahrung:** Hauptnahrung sind Kleinsäuger (Mäuse, Ratten, Spitzmäuse, junge Kaninchen und Hasen) und Vögel bis Reb- und Schneehuhngröße. **Brut:** Mai/Juni, 1 Brut, Bodenhorst.

Gerfalke

Falco rusticolus

Verbreitung: Hoher Norden Europas und Asiens, Grönland, arktisches Nordamerika. **Lebensraum:** Hügel- und Bergtundra, felsige Meeresküsten. **Kennzeichen:** Größte Falkenart der Erde, viel größer als Wanderfalke (→ Seite 51), Färbung sehr variabel von weiß mit dunklen Flecken auf der Oberseite bis dunkelgrau, im Fluge dem Wanderfalken ähnlich, doch langschwänziger, breit- und kurzflügeliger, mit langsameren Flügelschlägen fliegend. Wirkt insgesamt heller als Wanderfalke und ohne den Kontrast zwischen dunkler Ober- und hellerer Unterseite. 51–56 cm. **Nahrung:** Vögel bis zur Größe von Schneehühnern und Säugetiere (Mäuse, Lemminge, Ziesel, Schneehasen). **Brut:** April/Mai, 1 Brut, Felshorst.

Würgfalke

Falco cherrug

Verbreitung: Von Südosteuropa bis Transbaikalien, südwärts bis zum Himalaya. **Lebensraum:** Waldsteppen und Trockensteppen sowie Halbwüsten, Berghänge. **Kennzeichen:** Größer als Wanderfalke (→ Seite 51), mit breiteren Flügeln, längerem Schwanz. Braune Oberseite, helle gefleckte Unterseite, heller Kopf, kein deutlicher Bartstreif. Fliegt mit langsamerem Flügelschlag als Wanderfalke, schaltet längere Gleitstrecken ein, häufig anhaltend segelnd, dabei den Schwanz weit spreizend. 46 cm. **Nahrung:** Vorwiegend Mäuse, Ziesel, Lemminge, Steppenhasen sowie Vögel bis zur Größe von Enten, Birkhühnern und Nachtreihern, wenige Insekten. **Brut:** April/Mai, 1 Brut, Baum- und Felshorste.

Lanner

Falco biarmicus

Verbreitung: Süditalien, Sizilien, Balkanhalbinsel, Arabische Halbinsel bis Kleinasien; Afrika. **Lebensraum:** Offenes Gelände, Stein- und Halbwüsten. **Kennzeichen:** Größe wie Wanderfalke (→ Seite 51), doch schlanker, langschwänziger und nicht so spitzflügelig. In der Färbung wie heller Wanderfalke, Oberseite brauner, Oberkopf und Nacken rostbraun, Bartstreif schmaler und weniger auffällig. 43 cm. **Nahrung:** Fast ausschließlich Vögel, bevorzugt Felsentauben und Steinhühner, ferner Dohlen, Rötelfalken, Flughühner und viele Kleinvögel. Nager, Reptilien und Insekten werden fast nur in der nahrungsarmen Wüste erbeutet. **Brut:** März/April, 1 Brut, Felshorst.

Wanderfalke

Falco peregrinus

Verbreitung: Weltweit verbreitet: Europa, Asien, Afrika, Nord- und Südamerika, Australien, Tasmanien, pazifische Inselwelt. **Lebensraum:** Offenes oder nur leicht bewaldetes Gelände, lockeres Waldland, Tundra, Halbwüsten. **Kennzeichen:** Großer, spitzflügeliger, kurzschwänziger Falke mit ankerartigem Flugbild. Fliegt mit schnellen, flachen Flügelschlägen, durch kurze Gleitstrecken unterbrochen, segelt gelegentlich im Aufwind. 38–48 cm. **Nahrung:** Fast ausschließlich fliegende Vögel (Ammern, Lerchen, Drosseln, Tauben, Enten, Möwen), die in rasantem Verfolgungsflug erbeutet werden. **Brut:** März/April, 1 Brut, Fels- und Baumhorste.

Baumfalke

Der Baumfalke wirkt im Fluge wie ein kleiner Wanderfalke, doch sind seine Flügel im Verhältnis zur Körpergröße länger, viel schmaler und spitzer. Vor allem beim schnellen Jagdflug erinnert der Vogel durch seine sichelförmigen Schwingen und den kurzen Schwanz an einen großen Mauersegler. Mit schnellen gleichmäßigen Flügelschlägen, durch kurze Gleitstrecken unterbrochen, jagt er Schwalben, Segler, Drosseln und Lerchen und stößt mit angelegten Flügeln auf sie herab. Beim Libellenfang sowie beim Fang großer Käfer, Schmetterlinge und fliegender Ameisen ist sein Flug mehr gleitend und segelnd mit zwischengeschalteten Flügelschlägen. Segelt im Aufwind mit gespreiztem Schwanz. Rüttelt nur ausnahmsweise.

Baumfalke

Falco subbuteo

Verbreitung: Von Portugal und Nordwestafrika ostwärts bis zum Pazifik. **Lebensraum:** Lichte, trockene Wälder, besonders Kiefernwälder, offenes baumbestandenes Gelände. Feldgehölze. **Kennzeichen:** Dem Wanderfalken (→ Seite 51) in Färbung und Zeichnung sehr ähnlich, doch kleiner, zierlicher und schlanker, mit längeren schmaleren Flügeln. Oberseite dunkel schiefergrau, Unterseite weiß mit markanter schwärzlicher Tropfenfleckung, rostbraune »Hosen«, deutlicher Bartstreif. 30–36 cm. **Nahrung:** Ausschließlich Vögel (Schwalben, Lerchen, Segler und andere) und fliegende Insekten (Libellen, Käfer). **Brut:** Juni, 1 Brut, Baumhorst.

Eleonorenfalke

weltweit gefährdet

Falco eleonorae

Verbreitung: Östliche Kanarische Inseln, Küsten von Westmarokko, Nordostalgerien und Tunesien, Inseln des Mittelmeeres. **Lebensraum:** Baumlose Felseninseln. **Kennzeichen:** Kleiner und schlanker als Wanderfalke (→ Seite 51), größer als Baumfalke (→ Seite 53), langschwänziger und langflügeliger als beide. Tritt in zwei Färbungstypen (Phasen) auf: helle Phase wie Baumfalke, aber Oberseite graubraun, nicht schiefergrau, Unterseite stärker rostbraun (Foto); dunkle Phase einfarbig schwarzbraun. Flugbild baumfalkenähnlich, doch noch schmalflügeliger. Sehr gesellig in Kolonien nistend. 38 cm. **Nahrung:** Im Brutgebiet ausschließlich Zugvögel, im Winter vorwiegend Insekten. **Brut:** August, 1 Brut, Bodenhorst.

Rotfußfalke

Falco vespertinus

Verbreitung: Von Südosteuropa bis zur Mandschurei. **Lebensraum:** Offenes Gelände mit Baumgruppen, Feldgehölze, Waldränder, Flußauen, oft in unmittelbarer Nähe des Menschen. **Kennzeichen:** Männchen dunkelgrau mit rostroten Hosen und Unterschwanzdecken, Weibchen roströtlich mit schwacher Längsfleckung auf der Unterseite, Rücken aschgrau mit schwarzen Querbinden. Flugbild baumfalkenähnlich (→ Seite 52), doch langschwänziger, rüttelt häufig wie Turmfalke (→ Seite 56), sehr gesellig. 30 cm. **Nahrung:** Vorwiegend Insekten (Käfer, Heuschrecken, Libellen), selten Eidechsen, Mäuse und ausnahmsweise Kleinvögel. **Brut:** Mai/Juni, 1 Brut, Baumhorst.

Turmfalke

Das Flugbild des Turmfalken ist gekennzeichnet durch die langen, spitzen, aber nicht sichelförmigen (Baumfalke → Seite 52), Flügel und den recht langen Schwanz. Er fliegt beim Streckenflug mit hastigen, flachen Flügelschlägen, die selten von kurzen Gleitphasen unterbrochen werden. Bei der Nahrungssuche über freiem Feld ist das häufigste Flugmanöver das Rütteln. Der Vogel richtet dabei die Körperlängsachse um 45° auf und schlägt die Flügel relativ flach auf und ab – er »hängt« in der Luft. Der Schwanz wird dabei herabgedrückt und stark gespreizt. Bei stärkerem Wind rüttelt der Vogel in horizontaler Körperlage und reguliert seine Vorwärtsbewegung so, daß sie sich mit der Windgeschwindigkeit aufhebt.

Turmfalke

Falco tinnunculus

Verbreitung: Europa, Asien, Afrika bis zum Kapland. **Lebensraum:** Offenes Gelände, in Feldgehölzen und an Waldrändern, Städte. **Kennzeichen:** Kleiner, schlanker Falke mit langen, spitzen Flügeln und langem Schwanz. Männchen mit blaugrauem Oberkopf und Wangen, Oberseite braunrot mit schwarzen Tropfenflecken, Unterseite rahmfarben mit dunkler Längsflekkung, Schwanz aschgrau mit schwarzer Endbinde. Weibchen mit zimtbraunem Kopf und Rücken, rotbraunem, gebändertem Schwanz. Häufiges Rütteln ist das beste Erkennungsmerkmal. 34 cm. **Nahrung:** Vorwiegend Mäuse, daneben große Insekten, selten Eidechsen und Kleinvögel. **Brut:** April/Mai, 1 Brut, Fels-, Gebäude- und Baumhorste.

Rötelfalke

Falco naumanni

Verbreitung: Von Südportugal, Spanien und Nordwestafrika ostwärts über Südeuropa bis Turkestan und Nordchina. **Lebensraum:** Warme, trockene, offene Landschaften, häufig an Ruinen und selbst in Städten brütend. **Kennzeichen:** Von dem etwas größeren Turmfalken (→ Seite 57) im Feld sehr schwer zu unterscheiden, die rostrote Oberseite des Männchens ist ungefleckt (beim Turmfalken dunkel gefleckt). Sehr gesellig, nistet in Kolonien. 30 cm. **Nahrung:** Vorwiegend Insekten (Heuschrecken, Käfer), nur bei Nahrungsmangel auch Reptilien und Kleinnager. **Brut:** April/Mai, 1 Brut, Felshorst, auch in Gemäuern, Sandstein- und Lößwänden nistend.

Merlin

Falco columbarius

Verbreitung: Taiga und Waldtundrenzone Eurasiens und Nordamerikas, Gebirge Zentralasiens. **Lebensraum:** Offenes, baumarmes Gelände, Hochmoore, Zwergstrauchgebiete, Ränder offener Kiefernwälder. Regelmäßiger Wintergast in Mitteleuropa, besonders im Küstenbereich in offenem Gelände, in baumarmen Mooren, auf Feldern und Dünen. **Kennzeichen:** Kleinster Falke in Mitteleuropa, kurzschwänziger als Turmfalke (→ Seite 57), aber sonst diesem im Flugbild ähnlich, gedrungener und kurzflügeliger als Baumfalke. Weibchen größer als Männchen. 27–33 cm. **Nahrung:** Fast ausschließlich Vögel bis Drosselgröße, nur selten Kleinnager (Lemminge, Wühlmäuse). **Brut:** Mai/Juni, 1 Brut, Boden-, Baum- und Felshorste.

Schleiereule

nachtaktiv

Tyto alba

Verbreitung: Weltweit verbreitet, fehlt nur in Nord- und Osteuropa sowie im größten Teil Asiens. **Lebensraum:** Offenes Kulturland mit alten Gebäuden, Scheunen, Ställen, Mauerwerk, Kirchen. **Kennzeichen:** Schlanke, sehr aufrecht sitzende Eule mit dickem Kopf und weichem Gefieder, sehr lange Flügel, kurzer Schwanz, rein nachtaktiv. Ruft kreischend oder röchelnd und schnarchend. 34 cm. **Nahrung:** Fast ausschließlich Kleinnager (Mäuse und bevorzugt Spitzmäuse), selten Vögel und große Insekten. Jagt nur bei völliger Dunkelheit, nicht in der Dämmerung. **Brut:** März bis Oktober, 1–2 (–3) Bruten, brütet in Mauerlöchern, Kirchtürmen, Scheunen.

Schnee-Eule

tag- und nachtaktiv

Nyctea scandiaca

Verbreitung: Norden von Schweden, Norwegen und Finnland, Grönland, Nordrußland und Sibirien, arktisches Nordamerika. Invasionsartige Wanderungen nach Süden etwa alle vier Jahre, nur ausnahmsweise bis Westdeutschland, Holland, Belgien. **Lebensraum:** Arktische Tundra jenseits der Baumgrenze, felsiges Hügelland. **Kennzeichen:** Sehr große weiße Eule mit rundem Kopf, alte Männchen häufig fast reinweiß (Foto), Weibchen und Jungvögel mehr oder weniger dunkel gebändert, bernsteingelbe Augen. 55–66 cm. **Nahrung:** Hauptnahrung ist der Braune Lemming, daneben andere Nager bis Schneehasengröße sowie Vögel, vor allem Schneehühner und Enten. Jagt häufig am Tage. **Brut:** Mai, 1 Brut, Bodenbrüter.

Uhu

nachtaktiv

Bubo bubo

Verbreitung: Von Westeuropa und Nordafrika bis Ostasien (Sachalin). **Lebensraum:** Dichte Laub- und Nadelwaldungen, zerklüftetes Bergland, Wüsten. **Kennzeichen:** Größte Eulenart der Erde, fast adlergroß, dicker Kopf mit waagerechten Ohrbüscheln, große orangefarbene Augen. Ruft dumpf und nasal *»Buhu-«,* absinkend *»uhuhuhuhu-«*, auch kichernde und bellende Laute. Weibchen größer als Männchen. 66–71 cm. **Nahrung:** Sehr vielseitig, vorwiegend kleine und mittelgroße Säuger (Mäuse, Eichhörnchen, Ratten, Kaninchen, Hasen, Igel, Katzen) sowie Vögel bis zur Größe von Auerhühnern, Fischadlern und Graureihern. **Brut:** März/April, 1 Brut, Baum-, Fels- und Bodenhorste.

Waldohreule

nachtaktiv

Asio otus

Verbreitung: Europa, Asien, Nordamerika und Nordwestafrika. **Lebensraum:** Wälder, besonders Nadelwälder, Mischwald, Friedhöfe und Parkanlagen, große Gärten, Heide. **Kennzeichen:** Schlanke, mittelgroße Eule mit langen Ohrbüscheln und orangegelben Augen. Rein nachtaktiv, am Tage in hohen Bäumen versteckt ruhend. Ruft dumpf-stöhnend *»huh huh«* oder ein schreiend-pfeifendes, zunächst aufwärts gezogenes, dann absinkendes Tongebilde. 36 cm. **Nahrung:** Vorwiegend Mäuse und Ratten, daneben, vor allem im Winter, auch Kleinvögel. Jagt in offenem Gelände. **Brut:** März/April, 2 Bruten, Baumbrüter, der gern in alten Krähennestern horstet.

Sumpfohreule

nachtaktiv

Eine am Tage über offenem Gelände, vor allem über Mooren, Sümpfen und nassen Wiesen fliegende Eule ist fast immer eine Sumpfohreule. Ihr Flugbild ist gekennzeichnet durch die schmalen, langen Flügel und den dicken Eulenkopf. Die Sumpfohreule hat den typischen weichen Eulenflug, der zur Brutzeit, beim Flug über das Nistrevier häufig schaukelnd wird. Zum Balzflug steigt die Sumpfohreule tagsüber in beträchtliche Höhen auf und kreist dort rufend bussardartig im Aufwind. Dieser Schwebeflug wird von Zeit zu Zeit durch jähe Sturzflüge unterbrochen. Bei diesen Abstürzen schlägt der Vogel die Flügel mehrmals hintereinander unter dem Körper zusammen, so daß ein deutliches Klatschen zu hören ist.

D · DDR · A · CH

Sumpfohreule

tag- und nachtaktiv

Asio flammeus

Verbreitung: Von Europa (nicht Spanien und Irland) durch das ganze gemäßigte Asien ostwärts bis Kamtschatka, Nord- und Südamerika, Hawaii. **Lebensraum:** Sümpfe und Moore, nasse Wiesen, Bruchland. **Kennzeichen:** Von der gleich großen, aber schlankeren Waldohreule (→ Seite 63) durch runderen Kopf mit kurzen, kaum sichtbaren Ohrbüscheln und hellgelben Augen zu unterscheiden. Sitzt in waagerechter Körperhaltung am Boden, auch am Tage aktiv, fliegend und jagend. 38 cm. **Nahrung:** Mäuse und andere Kleinsäuger, nur in mäusearmen Jahren auch Kleinvögel und große Insekten, sehr selten Reptilien und Frösche. **Brut:** April/Mai, 1 Brut, Bodenbrüter.

Zwergohreule

nachtaktiv

Otus scops

Verbreitung: Von Südeuropa und Nordwestafrika nach Osten bis zur nördlichen Mongolei, Amurland, Japan, südlich bis Indien, Ceylon, Malaya, Borneo. **Lebensraum:** In Südeuropa offenes Gelände mit Bäumen, Palmenhaine, Gärten, Parkanlagen, Dörfer. **Kennzeichen:** Sehr kleine, nur gut drosselgroße Eule mit Federohrbüscheln, rindengraubraunem Gefieder, hellen Augen. Balzruf des Männchens ein klagendes, schwer ortbares *»kiuh-«,* das dem Ruf der Geburtshelferkröte sehr ähnlich ist und mit kurzen Pausen wiederholt wird. 19 cm. **Nahrung:** Vorwiegend große Insekten (Heuschrecken, Käfer, Nachtfalter), daneben Mäuse, Eidechsen, Frösche, Kleinvögel, Regenwürmer. **Brut:** April/Mai, 1 Brut, Höhlenbrüter.

Sperbereule

vorwiegend tagaktiv

Surnia ulula

Verbreitung: Skandinavien bis Kamtschatka, Nordamerika. **Lebensraum:** Dichte Nadelwälder, vor allem Lärchenwälder der Taiga, Nadelwälder im Gebirge, seltener in Gehölzen der Tundra. **Kennzeichen:** Größe der Waldohreule (→ Seite 63), durch langen Schwanz, kurze, spitze Flügel und »gesperberte« Unterseite greifvogelähnlich. Sitzt häufig auf Leitungsmasten oder trockenen Baumspitzen. Flug und Stimme (gellendes *»ki ki ki ki«)* falkenartig. In Mitteleuropa nur seltener Wintergast. 38 cm. **Nahrung:** Vorwiegend Mäuse und Lemminge, im Winter auch Vögel. **Brut:** April/Mai, 1 Brut, Höhlen- und Offenbrüter (Greifvogelhorste).

Sperlingskauz

tag- und nachtaktiv

Glaucidium passerinum

Verbreitung: Von Westskandinavien und dem Alpengebiet ostwärts bis nach Ostsibirien und die Ussurimündung. In der Bundesrepublik in den Alpen, Schwarzwald und den Mittelgebirgen Brutvogel. **Lebensraum:** Nadelwälder der Gebirge und Mittelgebirge. **Kennzeichen:** Winzige, nur starengroße Eule mit kleinem, flachem Kopf, hellgelben Augen, in der Erregung schwanzwippend. Balzstrophe ist eine Reihe von gimpelartigen Pfeiftönen, ruft auch »*kuwitt*«. 16,5 cm. **Nahrung:** Vor allem Kleinvögel (Meisen, Gimpel, Goldammern, Sperlinge), daneben Mäuse und große Insekten, jagt häufig am Tage. **Brut:** April/Mai, 1 Brut, Höhlenbrüter (Spechthöhlen).

Rauhfußkauz

nachtaktiv

Aegolius funereus

Verbreitung: Von den Pyrenäen und dem Alpengebiet bis Kamtschatka und Amurgebiet, Nordamerika. **Lebensraum:** Nadelwälder (Fichten) der Mittel- und Hochgebirge, im Norden auch im Flachland, selten in Laub- und Mischwald. **Kennzeichen:** Größer, schlanker und aufrechter sitzend als Steinkauz (→ Seite 70), dickköpfiger und langschwänziger, Gesichtsschleier deutlicher ausgebildet. In Mitteleuropa rein nachtaktiv, tagsüber in dichter Fichtendeckung versteckt ruhend. Männchen ruft in zunächst aufsteigender, dann absinkender Tonfolge wiedehopfartige Laute, die häufig in einem Triller auslaufen. 25 cm. **Nahrung:** Vorwiegend Mäuse, auch Spitzmäuse und Kleinvögel. **Brut:** April/Mai, 1 Brut, Höhlenbrüter.

Steinkauz
nacht- und tagaktiv

Athene noctua

Verbreitung: Westeuropa bis zum Amurgebiet, Nord- und Nordostafrika. **Lebensraum:** Offenes Gelände mit Bäumen, Obstgärten, Steinbrüche, Kopfweidenbestände. Gärten mit altem Baumbestand, oft inmitten der Dörfer. **Kennzeichen:** Kleine, lebhafte Eule mit kleinem Kopf und hellgelben Augen, kurzschwänzig. Bei ängstlicher Erregung knicksend, auf Weidepfählen oder Telegrafendrähten sitzend. Jagt in der Dämmerung und nachts, oft auch am Tage aktiv. Ruft *»kuiit«*, am Nest aufgeregt *»kiff kiff kiff«*, balzend ein ansteigendes weiches *»uuhg«*. 22 cm. **Nahrung:** Vorwiegend große Insekten (Käfer, Grillen) und Mäuse, daneben Vögel, junge Schlangen und Eidechsen, Frösche. **Brut:** April bis Juli, 1 Brut, Höhlenbrüter.

Waldkauz

nachtaktiv

Strix aluco

Verbreitung: Westeuropa bis Westsibirien, Nordwestafrika. **Lebensraum:** Nadel- und Laubwälder, Parkanlagen und Gärten mit altem Baumbestand. **Kennzeichen:** Mittelgroße, braune Eule mit großem, rundem Kopf und dunklen Augen, keine Ohrbüschel. Nachtaktiv, doch häufig schon in der Dämmerung rufend und fliegend. Ruft scharf *»kuwitt«,* Balzgesang des Männchens ein tiefes *»huh hu«,* dem nach einigen Sekunden ein tremolierendes *»hu-u-u-u-u-u«* folgt. 38 cm. **Nahrung:** Vorwiegend Mäuse und andere kleine Nager, Vögel, Frösche, Insekten Regenwürmer. **Brut:** Februar bis Juni, 1 Brut, Höhlenbrüter.

Habichtskauz

nacht- und tagaktiv

Strix uralensis

Verbreitung: Von Nordskandinavien über Nordrußland und Sibirien bis Sachalin und Japan. Als Eiszeitrelikt in den Karpaten, Jugoslawien, Albanien, östliches Alpengebiet. **Lebensraum:** Mischwälder mit Schneisen und Blößen. **Kennzeichen:** Kleiner als Bartkauz (→ Seite 73), doch viel größer und heller als Waldkauz (→ Seite 71), runder Kopf mit ungestreiftem, hellem Gesichtsschleier, kleine dunkle Augen, langer abgerundeter Schwanz, der im Fluge herabhängt, ruft waldkauzartig, aber rauher *»kewik«,* balzend *»hu-huhu-uhu-«,* tiefer und dumpfer als Waldkauz. 61 cm. **Nahrung:** Vorwiegend Mäuse und andere Kleinnager, seltener Eichhörnchen, Junghasen, Vögel und häufig Käfer. **Brut:** März/April, 1 Brut, Höhlenbrüter.

Bartkauz tag- und nachtaktiv

Strix nebulosa

Verbreitung: Nordskandinavien, Nordrußland, Sibirien, Sachalin, Nordamerika. **Lebensraum:** Kiefernwälder und Moorwälder. **Kennzeichen:** Fast uhugroß (→ Seite 62), aber längerer Schwanz, runderer Kopf mit kleinen gelben Augen, konzentrische, schwarze Ringzeichnung auf dem Gesichtsschleier, schwarze »Bart«zeichnung unter dem Schnabel. Keine Andeutung von Ohrbüscheln. Stimme waldkauzähnlich, doch tiefer und dumpfer. 69 cm. **Nahrung:** Hauptnahrung sind Wühlmäuse und Lemminge, daneben kleine und mittelgroße Vögel, jagt häufig am Tage. **Brut:** April/Mai, 1 Brut, Offenbrüter, der meist in verlassenen Nestern anderer Vögel seine Jungen aufzieht.

Erläuterung der farbigen Kennstreifen

Eine ständig wachsende Zahl von Tier- und Pflanzenarten ist durch menschliche Eingriffe und Aktivitäten in ihren Beständen bedroht. Diese Entwicklung hat so beängstigende Formen angenommen, daß die Internationale Union für Naturschutz und für Erhaltung der Naturgüter (IUCN) im Jahre 1966 erstmals den Versuch unternahm, durch eine Aufstellung der weltweit gefährdeten Arten eine Übersicht über die deprimierende Situation zu gewinnen. Dies geschah in dem mittlerweile berühmt gewordenen »Red Data Book«. Diese sogenannte »Rote Liste« führt alle Tier- und Pflanzenarten auf, die bei zunehmendem Schwund ihrer Bestände dem Schicksal des Aussterbens entgegengehen.
Seither sind in den meisten europäischen Ländern solche Roten Listen erstellt worden. In der Bundesrepublik Deutschland gibt es sie sogar für jedes einzelne Bundesland. Sie sind die traurige Bilanz unserer ausbeuterischen Einstellung zur Natur.
In diesem Kompaß ist durch verschiedenfarbige Kennstreifen der Grad der Gefährdung der Greifvögel und Eulen in den vier deutschsprachigen Ländern Europas dargestellt. Die Länder sind durch ihre einprägsamen Autokennzeichen symbolisiert (D = Bundesrepublik Deutschland, DDR = Deutsche Demokratische Republik, A = Österreich, CH = Schweiz). Das bedeutet aber nicht, daß diese Art in anderen Ländern ihrer Verbreitung ebenfalls gefährdet oder ausgestorben ist. Sie kann dort durchaus häufig sein.

Die Farben der Kennstreifen zeigen an:

Schwarzer Streifen: Ausgestorben.

Dunkelroter Streifen: Vom Aussterben bedroht.

Orangefarbener Streifen: Stark gefährdet.

Grüner Streifen: Nicht oder noch nicht beziehungsweise nur gebietsweise gefährdet.

Steht ein Länderkennzeichen in Klammern, so bedeutet das, daß die beschriebene Art in dem betreffenden Land seit mehr als hundert Jahren kein Brutvogel war.
Ist der Gefährdungsgrad in den einzelnen Ländern verschieden, drückt sich das ebenfalls in der Streifenfarbe aus. So ist zum Beispiel der Wanderfalke in der Bundesrepublik, Österreich und der Schweiz vom Aussterben bedroht – er erhielt daher einen diese drei Länderkennzeichen deckenden dunkelroten

Streifen; in der DDR ist der Wanderfalke bereits ausgestorben – das Streifenstück über diesem Länderkennzeichen ist schwarz. Grüner Streifen bedeutet, daß die betreffende Art weder in Europa noch in ihrem außereuropäischen Verbreitungsgebiet bedroht ist. Leider kann sich das schnell ändern.
Zwei der hier behandelten Greifvogelarten sind nicht nur regional, sondern in ihrem *Gesamtbestand* vom Aussterben bedroht. Ihre Situation ist also viel ernster als die aller anderen. Es sind dies der Bartgeier (→ Seite 37) und der Eleonorenfalke (→ Seite 54). Auf ihre besondere Lage ist durch den Zusatz »weltweit gefährdet« hingewiesen.

Stichwort-Erläuterungen

Verbreitung: Jede Greifvogel- oder Eulenart lebt in einem bestimmten, mehr oder weniger großen geographischen Gebiet. Manche Arten, wie der Fischadler und die Schleiereule, sind Weltbürger und kommen in fast allen Erdteilen vor. Andere, wie der Eleonorenfalke, sind auf ein verhältnismäßig kleines Verbreitungsgebiet beschränkt. In den Tropen gibt es einige Arten, die nur auf einer einzigen Insel leben, wie der Mauritiusfalke auf dem gleichnamigen Eiland.
Aus Platzgründen sind in diesem Kompaß, der in erster Linie ein Bestimmungsbuch ist, die Verbreitungsgebiete der einzelnen Arten nur grob umrissen. Das Verbreitungsgebiet ist die Brutheimat einer Vogelart. Es umfaßt nicht die Gebiete, in denen die Art auf dem Zuge oder bei Nahrungsmangel im Winter auftreten kann.

Lebensraum: Als Lebensraum sind hier die verschiedenen Landschaftstypen aufgeführt, in denen die Arten während der Fortpflanzungszeit vorkommen. Manche Arten, wie der Steinadler und der Uhu, leben in einem riesigen Verbreitungsgebiet, das mehrere Klimazonen umfaßt. Dort können sie in ganz verschiedenen Lebensräumen auftreten, wie der Uhu zum Beispiel im Norden in ausgedehnten Wäldern oder im Gebirge, im Süden in Wüstengebieten. Die Bedingungen im Lebensraum beeinflussen auch die Nahrungswahl und die Wahl des Nistplatzes.

Kennzeichen: Unter dieser Rubrik sind alle körperlichen Merkmale sowie die auffälligsten Verhaltensweisen aufgeführt, soweit sie für die Bestimmung wichtig sind. Sie finden hier also

Angaben über die Körpergröße – auch im Vergleich zu anderen, ähnlichen oder häufigeren Arten – die Färbung und typische Verhaltensweisen. Im Gegensatz zu den Singvögeln, bei denen die Rufe und Gesänge ein wichtiges und oft sogar das einzige Bestimmungsmerkmal sind, spielt die Stimme bei den Greifvögeln in dieser Beziehung nur eine untergeordnete Rolle. Sie sind viel weniger stimmbegabt und ruffreudig als die Singvögel. So lernt der Beobachter die Rufe der Greifvögel meist erst kennen, wenn ihm die Arten durch Körperform, Färbung und Flugbild schon vertraut sind. Eine Ausnahme machen in diesem Zusammenhang nur die Eulen, die man in der Dämmerung und nachts eher hört als sieht. Ich habe daher nur bei dieser Gruppe die Stimmen Art für Art beschrieben. Bei den Greifvögeln hingegen sind die Rufe nur dort aufgeführt, wo sie als zusätzliche Bestimmungshilfe wichtig sind.
In allen Fällen, in denen in diesem Kompaß als zusätzliche Information ein Flugbild gezeigt wird, habe ich unter »Kennzeichen« auf eine Beschreibung der Flugeigenschaften verzichtet. Diese sind dann im Text unter dem jeweiligen Flugbild eingehend abgehandelt. Soweit bekannt, ist hier auch die Flügelspannweite angegeben.

Nahrung: Greifvögel und Eulen ernähren sich von anderen Lebewesen. Nur der afrikanische Palmgeier *(Gypohierax angolensis)* ist vorwiegend Vegetarier. Unter dieser Rubrik sind die wichtigsten Beutetierarten aufgeführt. Das ist bei Nahrungsspezialisten, wie dem Fischadler, einfach. Bei Arten mit einem großen Nahrungsspektrum ist dagegen die hier aufgeführte Liste der Beutetiere notgedrungen unvollständig und beschränkt sich auf die für die Ernährung der betreffenden Art wichtigsten Beutetiere.

Brut: Die beiden Monate, die an erster Stelle angegeben sind, bezeichnen den Zeitabschnitt im Jahresablauf, in dem die Eier abgelegt werden. Je nach geographischer Lage des Brutgebietes, Witterung und Nahrungsangebot kann die Eiablage zu Anfang, gegen Mitte oder Ende der genannten Zeitspanne erfolgen. – Als nächstes ist die Zahl der Jahresbruten aufgeführt. Die meisten Greifvögel und Eulen haben eine so lange Jugendentwicklung, daß das Elternpaar pro Jahr nur eine Brut aufziehen kann. Von den in diesem Kompaß behandelten Arten führen nur Waldohreule und Schleiereule zwei Jahresbruten durch. Sie haben in kalten, schneereichen Wintern so hohe Verluste, daß sie diese nur durch eine große Zahl von Nachkommen ausgleichen können. – An letzter Stelle ist der typische Nistplatz stichwortartig beschrieben. Auch hier konnte ich aus Platzgründen nur erwähnen, ob das Nest auf Bäumen, an Felsen, auf dem Boden oder in Höhlungen angelegt wird.

Greifvögel (Falconiformes)

Zwei Vogelordnungen haben sich auf das Erjagen und Töten lebender Beutetiere spezialisiert, die sie mit ihren scharf bewaffneten Fängen ergreifen. Es sind die Greifvögel (239 Arten) und die Eulen (142 Arten). So verschieden ihre Arten in Größe, Färbung und Verhalten auch sind, haben sie doch zwei auffällige körperliche Merkmale gemeinsam. Sie tragen ausnahmslos kurze, hakenartig herabgekrümmte Schnäbel zum Zerreißen ihrer Beute sowie mit starken und spitzen Krallen bewehrte, kräftige Zehen, mit denen sie ihre Opfer ergreifen und festhalten. Ihre Aktivitätszeiten haben sie sich geteilt: die Greifvögel gehen tagsüber der Jagd nach, die Eulen hingegen haben in der Regel Nachtschicht.
Die Greifvögel haben sich über die ganze Erde verbreitet, überall, wo es Beutetiere für sie gibt, findet man auch die eine oder andere Greifvogelart. Am weitesten nach Norden hat sich der große Gerfalke vorgewagt, der zum Teil weit über den Polarkreis hinaus noch brütet. Ihre Anpassungsfähigkeit und ihr meist gutes Flugvermögen haben ihnen die Besiedlung selbst extremer Lebensräume wie Wüsten, abgelegene Felseninseln und tropische Regenwälder ermöglicht.
Die Greifvögel töten ihre Beute entweder mit den scharfen Krallen ihrer Fänge oder mit dem Schnabel. Zu den »Grifftötern« gehören vor allem die Greife aus der großen Familie der Habichtartigen, also die Adler, Bussarde, Weihen, Milane, Sperber und Habichte. Durch knetende Bewegungen ihrer scharfbewehrten Fänge treiben sie die dolchartig ausgebildeten Krallen tief in den Körper des Beutetieres und töten es durch die schweren Verletzungen, die sie ihm dabei an lebenswichtigen Organen (Lunge, Leber) beibringen. Der Schnabel dient diesen Arten nur als Reißhaken, mit dem sie das Fleisch aus dem Körper der Beute lösen (Reißhaken-Schneideschnabel).
Bei den Falken dagegen haben die Fänge nur die Aufgabe, das Opfer festzuhalten. Sie töten die Beute durch Bisse in die Halswirbelsäule mit ihrem »Reißhaken-Beißschnabel«, der zu die-

sem Zweck mit scharfkantigen Schneiden und einer Ausbuchtung, dem sogenannten »Falkenzahn« ausgestattet ist.
Die kleinsten Greifvögel sind einige Zwergfalkenarten in Südamerika, Afrika und Südostasien. Sie sind nur etwa starengroß und ernähren sich in der Hauptsache von großen Insekten. Der größte lebende Greifvogel ist der südamerikanische Kondor, der ein Gewicht von 8 bis 11 kg erreicht und eine Flügelspannweite von 2,7 bis 3 m hat.
Reine Vegetarier gibt es weder bei den Greifvögeln noch bei den Eulen. Der afrikanische Palmgeier *(Gypohierax angolensis)* ernährt sich allerdings weitgehend vegetarisch. Seine Lieblingsnahrung sind die Früchte der Ölpalme und der Raphia-Palme, er kommt nur dort vor, wo diese Palmen in großer Zahl wachsen. Ganz nebenbei nimmt er auch noch tote Fische, Weichtiere und Krabben auf, die er an der Küste oder den Ufern von Flüssen aufsammelt.

Eulen (Strigiformes)

In ihrem Körperbau, ihren Sinnesleistungen und ihrem Verhalten sind die Eulen ganz an die Nachtjagd angepaßt. Die Augen sind in dem großen Kopf nach vorne gerichtet, der Hals ist kurz, das Gefieder sehr weich.
Die großen Augen der Eulen sind hervorragend für das Dämmerungs- und Nachtsehen ausgestattet. Die Zahl der lichtempfindlichen Zellen auf der Netzhaut ist viel größer als bei tagaktiven Vögeln. Dadurch ist die Dämmerungsleistung des Eulenauges hervorragend. In einem völlig verdunkelten Raum sehen sie allerdings ebenso wenig wie der Mensch.
Auch das Gehör der Eulen ist ungewöhnlich leistungsfähig, besonders bei den Arten, die nur nachts jagen. Sie können eine im trockenen Laub des Waldbodens raschelnde Maus so genau mit ihrem Gehör orten, daß sie sie auch dann noch gezielt anfliegen und fangen können, wenn das Licht für ein Erkennen der Beute nicht mehr ausreicht. Die Gesichtsschleier sind verstellbare Schalltrichter, die dem Ohr die eintreffenden Schallwellen zuleiten.
Da die Augen der Eulen, im Gegensatz zu denen der meisten anderen Vögel, an der Vorderseite des Kopfes liegen, wie bei Katze und Mensch, ist das Blickfeld verhältnismäßig eng. Der Vorteil dieser Augenstellung liegt darin, daß sie den Eulen ein ungewöhnlich gutes räumliches Sehen ermöglichen, was wie-

derum für die richtige Einschätzung der Entfernungen bei der Jagd wichtig ist.

Eulen rollen nicht mit den Augen, wie man das in alten Märchen lesen kann, denn ihre Augen liegen unbeweglich im Kopf. Der enge Blickwinkel und die Unbeweglichkeit der Augen werden aber durch die enorme Beweglichkeit des Halses wettgemacht. Eulen können ihren Hals um fast 270° drehen und allen Bewegungen ihrer Beute folgen.

Ihren für die nächtliche Jagd entscheidenden lautlosen Flug ermöglicht den Eulen ihr weiches Gefieder und ein dichtes Samtpolster, das auf der Oberseite ihrer Schwingen liegt. Dazu kommt noch, daß die Außenkanten ihrer beiden äußersten Handschwingen nicht scharf- und ganzrandig, sondern eigentümlich kammartig ausgebildet sind. Dadurch entstehen beim Durchschneiden der Luft keinerlei Fluggeräusche.

Die kleinste Eulenart ist das Elfenkäuzchen *(Micrathene whitneyi)* aus dem südlichen Nordamerika und Nord-Mexiko. Es ist ein Winzling von 15 cm Länge und einem Gewicht von nur 50 g, das somit weit unter dem unseres Stars (80 g) liegt. Die größte Eule ist unser Uhu mit einer Länge von 66 bis 71 cm und einem Gewicht bis zu 3200 g.

---

3. Auflage

Redaktionsleitung: Hans Scherz
Lektorat: Doris Schimmelpfennig-Funke
Greifvogel-Silhouetten: Hermann Kacher, Starnberg
Einbandgestaltung: Constanze Reithmayr-Frank

Offsetreproduktion und Druck:
Graphische Anstalt E. Wartelsteiner, Garching
Bindung: Druckerei Ludwig Auer, Donauwörth
ISBN 3-7742-3805-7

Die Fotografen:
Umschlagtitelfoto: Limbrunner – Umschlagrückseite: Coleman/Leinonen
Allen: 64 – Bille: 68 – BIO-Info/Christiansen: 22 – BIO-Info/Carth: 23 – BIO-Info/Schrempp: 37 – Christiansen: 6, 43, 52 – Coleman/Barlett: 4 – Coleman/Duscher: 8, 26 – Coleman/Green: 59 – Coleman/Helo: 47, 67, 72, 73 – Coleman/Leinonen: 69 – Coleman/Nakuro: 35 – Coleman/Reinhard: 13, 31, 62, 63 – Coleman/Schmitz: 20 – Coleman/Wormer: 5 – Czimmeck: 18 – Danegger: 32 – Eichhorn/Zingel: 9 – Hawkes: 29 – Hosking: 42, 50, 61, 71 – Kankel: 7 – C. König: 39, 41 – Lammers: 48 – Laßwitz: 19 – Limbrunner: 10, 14, 17, 21, 24, 25, 27, 30, 44, 45, 58, 65, 66 – Dr. Meyburg: 33 – Moosrainer: 11, 15, 16, 36, 38, 49 – Paysan: 34 – Pforr: 54 – Quedens: 46, 53 – Rüppell: 56 – Schrempp: 28, 55 – Siedel: 57 – Siegel: 60 – Steinberger: 40 – Waskala: 51 – Weber: 70 – Wothe: 12.

GU
Gräfe
und
Unzer

Die praktischen Bestimmungs-Kompasse. Ideal zum Mitnehmen auf Wanderungen und Spaziergängen. Passen garantiert in jede Hemd- und Hosentasche.

Einstecken – Natur entdecken